一個人快煮 超神速做菜BOOK

U0085083

● 沒時間下廚？
超神速上菜，馬上秀好料！

● 做菜真麻煩？
懶人一鍋煮，好菜輕鬆吃。

● 煮菜很困難？
調味很簡單，有醬就OK！

● 想學經典菜？
化繁為簡，名菜在家輕鬆做。

● 冰箱沒材料？
罐頭變身，雨天也有好料吃。

一個人的豪華料理

超神速省錢
省時做菜女王
張孜寧 著

超簡單

一個人
快煮

超神速做菜BOOK

朱雀文化

Contents

目錄

Part 1
超神速上菜、馬上秀好料

Part 2
以為很難，其實很簡單的經典菜

Part 3
當廚師真簡單，有「醬」就OK

Part 4
雨天也有好料吃，罐頭也有出頭天

Part 5
懶人一鍋煮，好菜輕鬆吃

下廚前的小提醒
1. 本書食譜所標示的1小匙＝5c.c.或5克，1
　 大匙＝15c.c.或15克。
2. 本書食譜所標示的油，如果沒有標明適合
　 哪種油，則使用一般沙拉油即可喔！
3. 本書食譜所標示的糖，若無標明適合哪種
　 糖，則使用一般砂糖（細砂糖）即可喔！
4. 本書的廚具小圖，🍳代表炒鍋、🍳代表
　 平底鍋、🍲代表湯鍋、🍵 代表電鍋、
　 ▬ 代表烤箱。

3

4

獻給犬忙人、犬懶人的快手料理

小時候，媽媽怕危險，不讓我進廚房，所以對廚房的印象是不可侵犯的聖地。稍稍長大，媽媽為了要我嫁人後，能夠馬上晉身好媳婦行列，於是每次做飯時都要求我去幫忙，無奈，此時我已經力有餘而心不足了！

直到五年前，一個人在海外生活，為了省錢、也為了填飽肚子，我開始努力在廚房裡訓練出幾樣好吃又易飽的拿手菜，而且為了讓獨自用餐的氣氛不至於太悲哀，我還每天晚上硬生出有前菜、主食和甜點的正式晚餐。

從那個時候開始，我慢慢開始享受在廚房裡「發功」的樂趣，並迷戀上以快速烹調來呈現美味料理的快感，比如：糖醋里肌、鳳梨涼麵、烤鮪魚馬鈴薯及紅酒燉牛肉等，都是將經典菜化繁為簡的得意作品。這種成就感就好像突然發掘，乖乖女也有打扮成搖滾女郎的潛力一樣，好像為這些食物成功打造另一個形象。

在媒體工作的時候，我看多了說得一口好菜、卻連開瓶器都不會使用的資深美食記者。若要我選擇，與其做個批評別人的刁嘴記者，不如當個享受美食多變樂趣的素人廚娘。

媒體工作忙起來可是沒日沒夜的，我為了堅持自己下廚煮頓健康又簡便的「正餐」，於是有了一套屬於自己的快手食譜。食譜裡不乏有善加利用加工食品的「偷吃步」料理，也參雜中西式傳統家常菜的影子，但有更多是我在面對冰箱僅有的保鮮食物中，發想出的美味佳餚，照著這原則做菜，我曾有過花40分鐘，完成3菜1湯的成績。

我一直自認為很環保，不喜歡只為了講究正統，而買了一堆不常用的食材、調味料，放在冰箱等發霉丟掉！同時為讀者考量到省時、省力、甚至省錢，於是在這本食譜裡也提供取代食材或調味料的做法，味道也許不夠道地，不過保證好吃！

最後，要特別感謝長年旅居海外的朋友Letty，書中的菜有部分是來自於她的Idea。Letty說得好，「當你望著空冰箱，又不甘天天吃泡麵的時候，自然而然就會練就一身好本領，做出有模有樣又好吃的多變家常菜。」祝福每位荷包＆時間有限的大忙人，都能親自獲得下廚的樂趣！

張孜寧

大忙人廚房必備**3**寶
2鍋、2刀、調味料

得來得由自份，其實廚具不要多，選幾樣多用途的某個2、3款，你也可以
做出好料理。首先，湯鍋、中式炒鍋各1只；大菜刀(方型刀面)、水果刀
各1把；調味則備齊蔥、薑、蒜及西洋菜粉就可應付大部分料理。

2鍋

湯鍋：

　選擇可以下2人份麵條大小的鍋具最好，大約是19～23公分直徑的單柄湯鍋最適合1個人快煮。這種湯鍋平常可以煮水餃、餛飩，下麵條、煮馬鈴薯、燙青菜、汆燙肉片及煲湯，若是沒有炒鍋或只是清炒小菜，其實這種大小的單柄湯鍋也可以用中火或小火烹調家常菜。不過，要拿來當炒鍋時，切記不要用大火，以免鍋面受熱不均勻，食材容易黏鍋壁。

　我的湯鍋除了煮湯，也時常拿來當拌炒的工具，因為炒鍋太重，如果要拌炒食材的話，我會選擇單柄湯鍋，單手把持的比較好掌握，省時又方便。

炒鍋：

　炒鍋最好選擇中式炒鍋而非平底鍋，因為中式炒鍋的弧度，不但炒東西方便，還可以取代當蒸鍋。至於平底鍋常使用的煎、燉料理，萬能的中式炒鍋也全都能取代。

2刀

大方型菜刀：

這種大刀面的菜刀進可攻、退可守，要剁、要拍打、要切都可以，因為這種菜刀比較有重心，握起來好操控，所以切東西很便利。

小型水果刀：

水果刀除了切水果方便，在處理細節時也靠它。像是切割紋路、雕花及處理內臟細節等，都得靠小型水果刀。

調味料

蔥：

所有肉類都適合加蔥調味。快炒時，蔥可以處理成蔥段；湯品或燉品，可以加蔥末；蒸煮或處理容易出油的料理時，蔥絲可以解油膩，我必須誠心誠意的說，蔥真是廚房不可缺少的好幫手啊！

薑：

薑去寒矯味，所有海鮮都可以加薑。薑片可以快炒；薑絲則可以在煮湯或蒸海鮮時加入；滷鍋裡加點薑片，不用加辣椒，就能增添辛香味道。

大蒜：

蒜其實可有可無，有報導表示現在食材都很新鮮，不見得要加大蒜調香，不過中式料理裡很依賴蒜味，法義料理也不可缺少，所以在開始烹煮時，還是可以加點蒜末或蒜片爆香，來增加風味。

西洋菜粉：

很多人喜歡在菜裡，加點黑胡椒粉，認為可以提味，不過總顯得味道一成不變。大賣場或超市都有販售羅勒葉粉、巴西里粉、百里香粉，甚至綜合西洋菜粉，可以任選1種或買1小罐放在廚房，在製作燒烤料理和燉品時，依自己喜好撒一點取代黑胡椒，就能讓料理的口味多變化。

6

省時省力小幫手1.
即時包&醬料小圖鑑

超市、大型購物中心的醬料區，有著來自世界各地、琳瑯滿目的調味醬與調理包，通常可以讓我想到很多料理靈感，有時在食材不易取得的情況下，用具有異國風味的醬料調味一下，也能達到吃外國菜的想像喔！

速食調理包
有時想在家吃簡餐，直覺想到咖哩、牛腩等速食即時包，加在飯或麵上拌一拌就是一盤美味大餐，但速食調理包的功用不只如此，也可以拿來當鍋底或煮麵、煲花椰菜、馬鈴薯及紅蘿蔔，覺得味道不夠濃，再撒上起司粉，就有不同風味。

奶油濃湯包
拿濃湯包煮湯迅速又專業，但似乎有點沒創意，不如加在飯裡，拿去蒸，就成了簡易燉飯，若是用少量的湯包料，加在蔬菜、馬鈴薯、飯或麵烤，就是懶人焗飯麵了。甚至還可以再有創意一點，加麥片，就成了鹹的麥片粥。

青醬
青醬就是以羅勒(九層塔)為主要素材做成的醬，常用於義大利麵料理，其實除了拌麵外，還可以烤花枝、炒蛤蜊、煮海鮮湯、燉飯或是塗抹麵包等，很像萬用醬料，只要喜歡這個味道，它就能像台灣的沙茶醬一樣好用喔！

牛排醬
牛排醬如果只加在煎好的牛排上，不免也太大材小用了！將牛排醬用在其他肉類燒烤，也是不錯的嘗試。比如取代烤肉醬，在中秋烤肉時當最佳配角；或是取代醬油拿來炒飯、拌麵，都有很好的味道。

法式芥末醬
芥末醬可是肉類的好伴侶，我試過將芥末醬和美乃滋當沾醬來沾雞塊吃，比速食店的甜辣醬還好吃。另外，燉雞時加入牛奶跟芥末則有法式風味。

沙茶醬
煮泡麵時，有時不加調味包，直接用1小匙沙茶醬取代；煮紅肉料理時，也可以放1小匙沙茶醬調味，取代繁複的醃製或調味，另外，快炒肉片和蔬菜時，也可以加沙茶醬拌一拌調味，都能得到更豐富的滋味。

腐乳醬
小時候常跟著祖父母吃的豆腐乳，沒想到也可以當長大後做菜的靈感。豆腐乳其實很鹹，加一點點就足以調味一盤菜，建議可以和口味清淡的蔬菜調配，比如炒空心菜時加1匙調味；炒苦瓜時，讓豆腐乳取代鹹蛋，或加醬油膏調和當火鍋沾醬。

韓式辣醬
第一次嘗韓式辣醬，是一位韓僑朋友做的韓式涼麵，簡單的麵燙一燙，過冷水；和小黃瓜、紅蘿蔔絲拌辣醬就很美味，時值炎熱的中午，但清爽的辣麵卻讓我一口接一口停不下來。原來韓式辣醬看起來很紅，卻不特別辣，很適合拿來配色或簡單調味。炒飯、炒麵，葷的、素的都和韓式辣醬很麻吉！

部分照片提供/天廚0800-057-688

泰式酸辣醬

泰式酸辣醬是中西佳餚都適合的調味料，有時在廚房準備一罐泰式酸辣醬，即使不加其他調味料，也能煮出一盤好菜。加在湯裡就是泰式酸辣湯，適時適量拌沙拉，則可以調製出清爽又帶勁的泰式生菜。3大匙酸辣醬配400c.c.的椰奶，則可以煮一鍋泰式酸辣雞，真上得了檯面是不是？

花生醬

花生醬可不只是塗抹麵包的尋常醬料而已，花點心思，應用它的花生香味在其他相似口感的料理上，滋味也能讓人眼睛為之一亮。比方取代芝麻醬成為乾拌麵的醬料，或是當成薯餅的沾醬，都別有一番味道。

海苔醬

曾經流行一陣子的海苔醬，經常被拿來當昆布醬油的替身，用法很多：比如，可以拿來當沾醬，味道比醬油鮮美；拿來當燙青菜的拌醬，比豬肉汁健康；或是煮青菜豆腐湯的時候，直接加2大匙海苔醬調味，能提升湯頭鮮味。

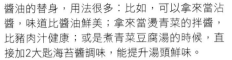

省時省力小幫手2.
罐頭小圖鑑

罐頭因為保存時間長，所以味道都很濃郁，同時，容量又多是1～3次就可使用完的份量，是想縮短料理菜餚時間的人，最值得投資的廚房調味食材之一。

肉醬罐頭

最有人氣的方便罐頭。所有需要碎肉的家常菜，都可以用肉醬罐頭取代，可以做成肉醬乾麵簡單吃，也可以花點心思做成肉醬派。舉凡肉醬炒玉米、魚香茄子，或是比較難做的螞蟻上樹，都可以請肉醬來幫忙喔！

鳳梨罐頭

很多人怕吃鳳梨是因為怕纖維咬舌，不過鳳梨罐頭裡的鳳梨片和鳳梨汁，不但可以直接吃，也能拿去調配雞尾酒、做甜點，也可以動動腦，設計成配料，特別是需要酸甜口感的菜色，比如：泰式海鮮湯。或是將鳳梨汁加洋菜做成果凍，也不失為巧妙簡單的自製點心。

玉米罐頭

凡是喜歡煮菜加點甜味的人，萬用玉米罐頭真的很好用，建議可以用玉米汁取代糖，味道比較自然。玉米粒和碎肉則是最佳組合，可以做餡餅、包水餃，或是做成水煮玉米粒後，再拌奶油做甜點、或是拌一小匙鹽做成鹹點，很適合當小朋友的營養點心。

鮪魚罐頭

罐頭鮪魚肉雖然吃起來乾乾的，但用途很廣，特別是用於西式料理時，可說是最佳配料，如義大利麵拌鮪魚肉、三明治包鮪魚肉或鮪魚蘇打餅。將鮪魚肉加美乃滋則成為鮪魚醬，如果家裡宴客，也可以在全麥餅上塗抹一點，就當是平價版的鵝肝醬吧！

高湯罐頭＆高湯粉

對於講究菜餚風味的人而言，廚房裡最好隨時備有高湯罐頭或高湯粉，在煮湯時，用高湯粉做湯底；做勾芡料理時可以用高湯取代水；煮泡麵、燙青菜或下水餃餛飩時，也可以加高湯粉；或是沒時間慢火熬煮雞湯時，直接將高湯加熱，再加入帶骨雞燜煮20分鐘，味道也相去不遠！

蕃茄罐頭

雖然蕃茄還是吃新鮮的好，但為了省時，蕃茄罐頭內的整顆剝皮蕃茄，拿來煮菜省時又好用，適合搭配的食材有牛腩、五花豬肉、花椰菜及紅蘿蔔等，最省時的方法是將上述食材全部丟到鍋內快炒，最後加蕃茄罐頭加熱微煮，即可吃一星期。

泡菜罐頭

泡菜的湯汁可以做湯底，泡菜可以開胃兼解油，嗜辣者可以用韓式泡菜；想有酸菜白肉鍋效果的，則可以買北方泡菜，偶爾還可以做泡菜炒飯、拌煮水餃，為簡單的便餐增色不少。

部分照片提供／天廚0800-057-688

超神速上菜、馬上秀好料

材料好好買、做法真簡單,現在就下廚,秀一道好菜給大家看!

part
1

Let me show you
a delicious dish.

i am so hungry!

橙汁雞柳

tips 雞胸肉塊加柳橙汁燉煮時，一定要用小火慢煮，才能讓雞塊入味。

★材料ready：
紅椒30克、黃椒30克、雞胸肉塊150克，柳橙汁100 c.c.、薄荷葉1小株

★調味料ingredients：
醬油1大匙、糖1大匙、鹽1/4小匙、米酒1小匙、麻油1小匙

★做法methods：

1. 紅椒、黃椒去籽洗淨，切寬約1公分的長條狀。雞胸肉塊洗淨切寬約1公分的長條狀後，瀝乾後，加入醬油、糖、鹽、米酒及麻油拌勻醃1小時。

2. 鍋燒熱，加少許油，放入雞胸肉塊、紅椒及黃椒以中火煎到金黃色。

3. 先夾出雞胸肉，倒掉多餘油汁，再將雞胸肉放回鍋內，加柳橙汁，以小火加熱約10分鐘煮至雞肉入味後盛盤，以薄荷葉作裝飾即可。

★換換吃：使用新鮮柳橙汁的風味最好。在拌炒時，可以加入刨絲的柳橙皮，更有果香味。

炒鍋

or

平底鍋

同場加映 多出的雞肉，煮湯也OK

枸杞香菇雞湯

★材料ready：
雞肉300克、香菇5朵、枸杞10顆、香菜少許

★調味料ingredients：
鹽1小匙

★做法methods：

1. 香菇和枸杞泡水至發脹變軟後備用。

2. 雞肉洗淨切塊放進湯鍋，倒入半鍋水，淹過雞肉的高度，用大火煮滾，再轉中火熬燉5分鐘。

3. 放進香菇和枸杞轉小火，蓋鍋燜約1小時。

4. 起鍋前以鹽調味，盛盤後放上香菜作裝飾即可。

蒜泥白肉

tips 1.若到傳統市場買豬肉片時，請肉商切得愈薄愈好。
燙肉片時間不宜過長，待豬肉片開始捲曲，即可起鍋。
2.將豬肉片浸泡汽水3秒鐘，可以讓豬肉的滋味更甘美喔！

★材料ready：
火鍋肉片10片、大蒜3瓣、香菜少許

★調味料ingredients：
醬油2大匙、醬油膏1大匙、黑麻油1小匙

★做法methods：

1.市售火鍋肉片沖水洗淨。大蒜洗淨切末。

2.鍋子加水約2公分深，大火將水燒滾後，轉中火，將每片豬肉汆燙約30秒至熟。

3.將豬肉片浸泡於冷水3秒鐘，瀝乾鋪在盤子上。

4.醬油、醬油膏及黑麻油與蒜末調勻，淋在豬肉上，再以香菜點綴於豬肉片上即可。

★換換吃：客家人自製的桔子醬，也適合用在這道菜，簡單汆燙完，沾桔子醬食用也很美味喔。

or

香炒臘腸

tips 青蒜和辣椒不只是這道菜的裝飾品，只要切細一點，就可以和臘腸一起搭配著吃。

★材料ready：
臘腸2支、香腸2支、青蒜2支、辣椒1支

★調味料ingredients：
鹽1小匙、糖1小匙

★做法methods：

1. 臘腸及香腸切約3公分段，青蒜洗淨斜切約3公分段，辣椒洗淨切段。

2. 鍋燒熱，加少許油，放入青蒜和辣椒以大火炒香，再下臘腸及香腸快炒3分鐘。

3. 加入鹽、糖快炒1分鐘，再拌勻所有材料即可。

★換換吃：切1/4塊的洋蔥炒香，能讓菜餚的口味更濃郁。

13

金針菇肉絲

tips 這道菜吃的是清淡的味道，所以加鹽即可，不宜太多調味。

炒鍋

or

平底鍋

★材料ready：
金針菇100克、豬肉絲100克、蔥花少許

★調味料ingredients：
鹽2小匙

★做法methods：

1.金針菇切除根部後洗淨。

2.鍋燒熱，加少許油，放入金針菇以中火快炒30秒，再下豬肉絲炒勻。

3.加鹽後拌勻，蓋鍋燜約20秒，拌炒一下盛盤，撒些蔥花作裝飾即可。

★換換吃：也可加入紅蘿蔔1小根、切絲的木耳100克或韭黃100克，增加菜餚的豐富口感。

材料簡單、口感清爽

開宴的最方便

紅酒燉牛肉

tips　1.馬鈴薯切大塊，燉煮時才能保持原型，不至於軟爛到溶於湯汁裡。
2.熄火後不掀蓋，讓紅酒燉牛肉燜個10分鐘再上桌更有味道。

★材料ready：
牛腩塊300克、花椰菜1/4顆、紅蘿蔔1/2條、馬鈴薯1/2顆、大蒜1瓣、辣椒1條

★調味料ingredients：
醬油2大匙、糖2大匙、紅酒25c.c.、油1大匙

★做法methods：

1.馬鈴薯去皮洗淨切塊、花椰菜、紅蘿蔔及牛腩塊洗淨切塊、大蒜洗淨切碎、辣椒洗淨切段。

2.湯鍋燒熱，加入1大匙油，放入花椰菜、紅蘿蔔、馬鈴薯、大蒜及辣椒以大火爆出香味。

3.加入醬油略為拌勻，將鍋蓋蓋上，轉中火燉煮10分鐘。

4.打開鍋蓋，放入牛腩塊，轉小火燜5分鐘。

5.倒入紅酒、撒上糖略為拌勻，再燜30分鐘即可熄火，鍋蓋直到上桌前再掀開即可。

湯鍋

★換換吃：1.若無紅酒也可以加米酒，味道一樣香醇。
　　　　　2.可加入少許洋蔥塊增加甜味，或加入薑片5片增加辛辣味。

豆腐乳鮮蚵

tips 買新鮮蚵仔就無需煮太熟，因為煮過頭，
口感會老澀。怕鹹的人可以不加醬油。

★材料ready：
蚵仔600克、青蔥1支、豆腐乳1大匙

★調味料ingredients：
太白粉適量、糖1小匙、醬油1小匙、料理酒1小匙

★做法methods：

1 蚵仔輕裹太白粉，以滾水燙約15秒撈起。青蔥切細備
　用。

2 將豆腐乳倒入鍋中煮滾後，加入糖、醬油及料理酒拌勻。

3 放入蚵仔，以小火煮約5分鐘，撒上青蔥即成。

★換換吃：這是豆豉蚵仔轉變出來的創意菜，也可以將少許
豆豉炒熟後，加入煮熟，味道濃郁。

炒鍋

or

平底鍋

or

湯鍋

羊肉炒菠菜

tips炒羊肉及菠菜時，不但鍋子要夠熱，也要以大火快炒，肉絲才不會黏鍋。

炒鍋 or 平底鍋

★材料ready：
羊肉絲150克、菠菜300克、大蒜3瓣

★調味料ingredients：
鹽1 1/2小匙

★做法methods：

1. 菠菜洗淨切段，大蒜洗淨拍碎切小塊。

2. 鍋燒熱，加少許油，放入大蒜，以大火炒香。

3. 倒入羊肉絲，以大火快炒30秒至半熟，再下菠菜快炒1分鐘，加鹽調味
   炒勻即可。

★換換吃：想增加口感和甜味，可以切30克的洋蔥絲或將1
根辣椒絲洗淨切成辣椒圈後，一起炒香。

美味快炒
馬上吃

17

什錦蔬菜炒貢丸

★材料ready：
貢丸150克、綜合冷凍蔬菜（即三色豆，含玉米、
青豆及胡蘿蔔丁）250克、辣椒圈1小匙

★調味料ingredients：
醬油1大匙、糖1小匙

★做法methods：

1.貢丸切成小塊狀。

2.鍋燒熱，加少許油，放入綜合冷凍蔬菜及辣椒圈以大火快炒30秒，
　倒進貢丸，轉中火快炒1～2分鐘。

3.加入醬油、糖炒勻後即可。

★換換吃：吃剩的綜合冷凍蔬菜炒貢丸可用現成的冷凍派皮包起
來，烤箱以200℃預熱10分鐘，將派放入烤箱以150℃慢烤10分鐘
後，就是台式風味的蔬菜貢丸派啦！

冰箱有料馬上炒

美味雞腿真好做

19

薄菏美乃滋醬烤棒棒腿

tips 想成功的用烤箱熱度燜熟雞肉，一定要先以高溫預熱烤箱，先讓烤箱有熱度後，再用中溫燜肉才會成功。

烤箱

★材料ready：
棒棒腿3隻

★調味料ingredients：
糖2大匙、沙茶醬3大匙、醬油2大匙、薄菏美乃滋醬（薄荷葉5片，美乃滋2大匙）

★做法methods：

1.將薄荷葉搗碎，拌入美乃滋即成薄荷美乃滋醬。棒棒腿洗淨去血水，拭乾水分。

2.糖、沙茶醬及醬油混合拌勻，均勻地塗抹在棒棒腿上，醃漬20分鐘。

3.烤箱以200℃預熱3分鐘，放進烤箱後烤10分鐘，再轉180℃烤20分鐘，盛盤後淋上薄荷美乃滋醬即可食用。

★換換吃：想增加不同風味，還可撒上洋香菜葉、新鮮巴西里葉或鼠尾草等來代替薄荷美乃滋醬。

20

蕃茄炒蛤蜊

★材料ready：
蛤蜊600克、大蒜5瓣、蕃茄1顆、九層塔20克

★調味料ingredients：
白酒1大匙、醬油1大匙

★做法methods：

1.蛤蜊加清水浸泡約1小時，以利吐砂。大蒜洗淨切碎、蕃茄洗淨切小塊。

2.鍋燒熱，加少許油，先以大火炒香大蒜，再加蕃茄炒約1分鐘。

3.蛤蜊下鍋快炒約1分鐘，加入白酒、醬油，讓鍋內蛤蜊吸收，待酒精蒸發後，聞不到
　酒味時，加入九層塔。

4.蓋鍋蓋燜約1分鐘，即可熄火盛盤。

★換換吃：想要甜味重一點，可以試著將1/4顆的洋蔥洗淨
切片和蕃茄拌炒，味道會更香甜。

tips 1.蛤蜊的沙子要吐乾淨，才不會影響味道，清
水加點鹽泡蛤蜊，可以幫助沙子吐得更乾淨。
2.起鍋前要記得燜一下，讓蛤蜊開蚌。

港式炒蔬菜

tips 若想口味清淡一點，可以將醬油減少為1/2大匙。

★材料ready：
花椰菜1/4顆、青花菜1/4顆、蠔菇3朵、大蒜1瓣、
蔥段5片

★調味料ingredients：
蠔油1大匙、醬油1大匙

★做法methods：

1. 把花椰菜、青花菜及蠔菇洗淨，切約1.5公分的一口大小。大蒜洗淨切片。

2. 鍋燒熱，加少許油，放入大蒜及蔥段以大火爆香，再下花椰菜、青花菜及蠔菇快炒，起鍋前加蠔油及醬油炒勻即可。

★換換吃：所有蔬菜都可以互相替換，只要口感相近即可：比如木耳、玉米筍及西洋芹是清脆的口感搭配；香菇、金針菇及韭黃則是軟嫩的組合。

快速補充3種
蔬菜營養

材料簡單、味道鮮美

23

豆芽炒蛋

tips 下蛋汁時，鍋底要夠熱，才不會沾鍋，所以一定要確認鍋底的油夠熱後，再開始倒蛋汁喔。

★材料ready：
豆芽120克、蛋3顆

★調味料ingredients：
鹽1小匙、黑胡椒粉1/2小匙

★做法methods：

1.豆芽洗淨，鍋燒熱，加少許油，放入豆芽以中火拌炒，撒上黑胡椒粉，炒勻後盛盤備用。

2.蛋打散成蛋汁，鍋燒熱，加少許油，倒進蛋汁以小火煎成蛋餅狀。

3.倒入豆芽，和煎好的蛋、鹽一起炒散即可。

★換換吃：黑胡椒粉也可以用鮮雞晶取代，口感比較清淡。

炒鍋
or
平底鍋

菇蓋白蘿蔔

tips 如果怕蘿蔔不入味，可以將蘿蔔切薄一點，比方每隔2公分切一小段，蘿蔔會蒸得更入味。

★材料ready：
白蘿蔔1顆、香菇5朵

★調味料ingredients：
蠔油1小匙、醬油1小匙、香菜少許、枸杞少許

電鍋
＋
炒鍋
or
平底鍋

★做法methods：

1. 白蘿蔔削皮後切塊，每隔3公分切一段，大約切5～7塊。每塊白蘿蔔上以刀畫十字，以便入味。

2. 香菇泡軟後去蒂，在菇傘（去蒂後的香菇）上畫十字。每塊白蘿蔔蓋上菇傘，並撒上枸杞。

3. 將菇蓋白蘿蔔放在平盤上，淋上蠔油、醬油，再放進電鍋內蒸約20分鐘（外鍋放1杯水的量，約100c.c.）。

4. 蒸至開關跳起後，取出盛盤，以香菜作裝飾。

★換換吃：香菜也可以用芹菜代替，有另外一番風味。

烤箱　起司焗蔬菜

tips 比起鐵製烤盤，瓷製烤盤的保溫力更好、可直接盛盤、而且容易清洗。只要將烤盤泡在溫水中，就能讓殘留的食物軟化，輕鬆洗淨。

★材料ready：
杏鮑菇1朵、蕃茄1顆、青花菜1/4顆、市售起司片3片、牛奶20c.c.

★調味料ingredients：
帕瑪森起司粉1小匙

高鈣又高纖

★做法methods：

1. 杏鮑菇、蕃茄洗淨瀝乾後切片。青花菜洗淨瀝乾，取花葉部分，切3公分小塊。

2. 將杏鮑菇、蕃茄及青花菜擺放於耐熱烤皿中。用手撕碎起司片，將起司碎片夾在蔬菜之間。牛奶則平均倒在蔬菜上。

3. 放入預熱200℃的烤箱，用160℃的中火烤10分鐘至起司片融化。取出後撒上帕瑪森起司粉即可。

★換換吃：牛奶可以加一點鮮奶油，味道更香甜濃郁。

25

牛奶蒸蛋

tips 可先用油輕塗碗底，以防沾鍋。

★材料ready：
市售嫩豆腐1/4盒（75克）、蛋1顆、牛奶2大匙、市售魚板1片、柴魚片1小匙、蔥花1小匙

★調味料ingredients：
鹽1/2小匙

★做法methods：

1.豆腐切小塊、魚板切小片。蛋打成蛋汁，和牛奶一起打勻。

2.將魚板及豆腐，倒入蛋汁裡。撒上鹽調味，倒入磁碗，放進電鍋內鍋。

3.電鍋外鍋放1杯水（約100c.c.），按下電鍋開關，待開關跳起蒸熟取出，撒上柴魚及蔥花即可。

★換換吃：豆腐也可換成碎干貝、蝦子或蛤蜊等配料，讓口感更豐富。

電鍋一按就OK

蜜汁香蕉片

tips　這道甜點適合配紅茶或紅酒食用。

★材料ready：
香蕉1根、奶油5公克、市售起司片1片

★調味料ingredients：
黑糖2匙

★做法methods：

1.黑糖加100c.c.的水，以小火煮成蜜汁。

2.將奶油放入鍋內，以小火加熱，輕晃平底鍋，讓奶油平均佈於鍋底。

3.香蕉去皮切1公分的薄片，平鋪於平底鍋。兩面煎約30秒即可起鍋盛盤，鋪上起司片，

　任其融化，澆上蜜汁，盛盤後可以薄荷葉作裝飾。

★換換吃：也可將煎好的香蕉，澆上巧克力醬2大匙，口感更濃郁！

炒鍋
or
平底鍋

拍拍就上桌

tips 1.怕自己下手太豪邁的人，拍小黃瓜時，可先將大菜刀的刀面蓋在黃瓜上，再用手輕敲刀面，就可以輕鬆地拍碎小黃瓜了。
2.懶得剝大蒜皮的人可以連皮一起拍，因為大蒜被拍破後，大蒜肉自然就跟大蒜皮分開了。

tips 醃過鹽巴的紅蘿蔔會開始出水，剛好化解生菜的澀味。而糖也可以稍稍蓋掉紅蘿蔔的味道。

切切拌拌
就上桌

涼拌小黃瓜

★材料ready：
小黃瓜2條、大蒜2瓣

★調味料ingredients：
鹽2小匙、黑麻油1小匙

★做法methods：

1.小黃瓜、大蒜洗淨。用大菜刀的刀面拍打小黃瓜，讓小黃瓜略為裂開後，再切成約3公分段。

2.用大菜刀的刀面拍打大蒜，讓大蒜略為裂開。

3.將大蒜、小黃瓜放入盆內，撒上鹽、黑麻油拌勻即可。

★換換吃：如果時間比較充裕，可以先將拍好的小黃瓜跟鹽拌勻靜置15分鐘，待小黃瓜出水後，再加入檸檬汁2小匙與糖2小匙一起調味，酸甜版的涼拌小黃瓜就完成了。

涼拌根莖菜

★材料ready：
西洋芹2根、紅蘿蔔1根、洋蔥1/4顆

★調味料ingredients：
鹽2小匙、糖1小匙、黑麻油1小匙、白醋10c.c.

★做法methods：

1.紅蘿蔔及洋蔥去皮後，和西洋芹一起洗淨瀝乾。西洋芹取根部切成3公分段、紅蘿蔔及洋蔥切條狀。

2.紅蘿蔔先用鹽巴醃約10分鐘，待出水後將水瀝乾。

3.紅蘿蔔、西洋芹及洋蔥加進糖、黑麻油及白醋拌勻，醃至糖跟鹽都溶解（約1小時），就可以上菜了。

★換換吃：真的很怕生吃紅蘿蔔、洋蔥及西洋芹的人，也可以用炒的方式：鍋燒熱，加少許油，放入材料與調味料以中火快炒1分鐘。或將紅蘿蔔、洋蔥及西洋芹水煮至熟後，拌勻調味料，冰鎮後食用。

涼拌豆腐

★材料ready：
市售嫩豆腐1盒、柴魚片10克、肉鬆10克

★調味料ingredients：
醬油膏2大匙

★做法methods：

1.將豆腐切寬5公分的大塊，放入盤上。

2.淋上醬油膏後，撒上柴魚片、肉鬆即可食用。

★換換吃：沒有柴魚片和肉鬆時，也可以用撥碎的皮蛋1顆及蔥花少許取代。

加醬料就好吃

tips 豆腐不要用刀切，用手撥成隨意大小的塊狀，雖然比較沒有賣相，但口感更好。

台式泡菜

★材料ready：
白菜1/2顆、紅蘿蔔1根、大蒜5片、薑5片、辣椒1條

★調味料ingredients：
鹽1小匙、麻油10c.c.、糖1大匙、魚露3大匙、檸檬汁25c.c.

★做法methods：

1.白菜洗淨瀝乾，切成4公分段，抹上1/2小匙鹽，讓白菜脫水。紅蘿蔔洗淨切片，加1/2小匙鹽混合均勻，待出水後、將水瀝乾。辣椒洗淨切段。

2.大蒜、薑磨成泥後，和糖、魚露、檸檬汁及辣椒混合成醬汁。

3.白菜、紅蘿蔔加進醬汁拌勻，淋上麻油即可直接食用，也可以放入冰箱讓泡菜持續入味。

★換換吃：1.泡菜有上百種，除了常見的白菜、高麗菜外，南瓜、嫩薑都可以當泡菜材料。
2.放入冰箱的簡易泡菜，會隨著時間發酵，越變越酸，若單吃太酸，可以拿來做泡菜鍋底或是炒飯配料。

tips 製作泡菜時，青菜一定要先用鹽醃製，讓青菜脫水，但鹽不宜過多，不然會太鹹，醃製要有耐心，碰到鹽的青菜一定會慢慢出水的。

熱湯馬上喝

豆腐味噌湯

tips 味噌本身就有鹹味了，所以不建議加鹽巴調味，口味淡的人，甚至可直接省略柴魚片。

★材料ready：
市售豆腐50克、乾海帶芽1/2小匙、味噌醬1/2小匙、蔥花1小匙、柴魚片1小匙

★做法methods：

1.豆腐切小塊用開水燙熟。豆腐、海帶芽放入碗內，倒入2/3滿的熱水後，將碗蓋蓋好，把海帶芽泡開、豆腐泡熟成豆腐海帶芽湯。

2.以2大匙熱水溶解味噌醬，倒入豆腐海帶芽湯中混合拌勻。

3.加入柴魚片調味，將熱水加滿，蓋上碗蓋燜2分鐘，撒上蔥花即可食用。

★換換吃：將冰箱內的魚肉或吐過沙的蛤蜊汆燙後，加入湯中，再加入味噌調味，就是一碗用料豐富的海鮮味噌湯了。

湯鍋　地瓜薑湯

tips 女生生理期時，可加點黑糖一起燜煮，就成了更能暖身的黑糖地瓜薑湯。

★材料ready：
地瓜3個、薑片10片

★做法methods：

1. 地瓜、薑片洗淨削皮，地瓜切大塊，跟薑片一起以大火煮熟。

2. 煮滾後，以小火燜煮約30分鐘即可。

★換換吃：喝不完的地瓜薑湯怎麼辦？可將地瓜肉從地瓜湯裡撈出搗碎，再放回地瓜湯裡，用製冰盒或是製冰棒的袋子裝起來，放到冷凍庫冷凍，嘴饞時，就變成好吃的自製冰棒了。

暖身又補血

31

捲一捲馬上吃

32

西式卷餅

平底鍋 中西卷餅

★材料ready：
中式-蔥1/2支、滷牛肉1片、市售春卷皮1片
西式-高麗菜20克、培根1條、市售春卷皮1片

★調味料ingredients：
中式-醬油膏1/2大匙
西式-美乃滋2大匙

★做法methods：

1. 中式卷餅：蔥洗淨切成約3公分段。將蔥與牛肉片隨意鋪在餅上，淋上醬油膏捲起即可食用。

2. 西式卷餅：高麗菜洗淨切絲，培根煎熟。將高麗菜絲鋪在餅上，鋪上培根，最後擠上美乃滋，捲起後即可食用。

★換換吃：春卷皮在傳統市場都有販賣，也可以到大賣場或超市買印度煎餅或蛋餅皮取代。

中式卷餅

餐廳招牌菜，做法並不難

名廚手工料理，其實很簡單，

現在開始，我也會做經典菜！

以為很難，其實很簡單的經典菜

I can make a
classical dish as well.

化繁為簡的經典菜

36

糖醋里肌

★材料ready：
豬排骨300克、蘋果1/4顆、甜椒1/4顆、洋蔥1/4顆片

★調味料ingredients：
醬油1大匙、糖2小匙、蕃茄醬1大匙、紅糖2小匙，鹽1/2小匙、
米酒1小匙

炒鍋

or

平底鍋

★做法methods：

1. 豬排骨洗淨，用醬油、糖醃15分鐘。蘋果、甜椒及洋蔥洗淨切片。

2. 將炒鍋倒進1/3鍋滿的油，油燒熱至冒泡，將排骨放入鍋中稍微油炸一下，待表皮呈
   金黃色後，撈起後瀝乾油份。

3. 原炒鍋留少許油，將洋蔥以大火爆香，加入甜椒、蘋果翻炒，再倒入排骨、蕃茄
   醬、紅糖、鹽及米酒拌炒均勻即可。

★換換吃：一般的糖醋排骨的做法，是在起鍋前加陳年醋約1大匙，才會有香味。
這道料理用蘋果取代，口味清淡一點；可選用快爛掉、已出水的蘋果。

tips 蕃茄醬是為了讓顏色更好看，不加也可以。米酒是提味用的，也不用多加，適量即可。

快速營養早餐

同場加映1 多出的蘋果做早餐

蘋果燕麥粥

★材料ready
麥片150克、牛奶350c.c.、蘋果1/2顆

★做法methods：

1. 牛奶倒入鍋中煮滾後，放入麥片煮稠。

2. 蘋果洗淨切0.3公分薄片，再放入牛奶麥片
   粥裡拌勻即可。

湯鍋

蘋果瘦肉湯

★材料ready：
蘋果1/2顆、瘦肉絲10根、青蔥1支

★調味料ingredients：
鹽1小匙

★做法methods：

1. 青蔥洗淨切段，蘋果洗淨切塊，放入
   水中煮滾。

2. 水滾後，放瘦肉絲、鹽，等肉絲熟透
   變色，即可熄火上桌。

湯鍋

靚湯簡單煮

糖燻花枝

tips 燻好的花枝口感比較硬，切得愈薄愈好吃。

★材料ready：
花枝1/2隻（約300克）、薑片10片、蔥段5段、西洋芹8小段、紅椒絲少許

★調味料ingredients：
鹽1大匙、米酒100c.c.、紅糖250克、香油10c.c.

★做法methods：

1. 花枝洗淨放在盤內，加入鹽、米酒、薑片、蔥段醃10分鐘，電鍋外鍋放1杯水（約100c.c.），按下電鍋開關。

2. 待開關跳起（約15分鐘）後，再燜10分鐘，讓水分蒸發一下或直接起鍋瀝乾。

3. 把錫箔紙鋪在炒鍋底部，鋪上紅糖，蓋上透氣蒸盤，再放上蒸熟的花枝。

4. 蓋鍋蓋，用大火燜10分鐘（若是顏色不夠深，也可以再蓋鍋繼續燻，或是加上少許茶葉一起燻）。起鍋切薄片盛盤，淋上香油，與西洋芹拌一下，再用紅椒絲裝飾即可。

★換換吃：1.紅糖可以換成捏碎的黑糖塊，味道更香甜。
2.西洋芹也可以用刨薄片的白蘿蔔片取代，口感更清爽。

電鍋
＋
炒鍋

白灼牛肉

tips 如果怕太油膩，鍋底可不加油，直接在鍋中倒入醋、醬油及麻油，爆香蔥、薑、蒜後，再煮至沸騰，澆在高麗菜上即可。

炒鍋 or 平底鍋

★材料ready：
牛肉120克、高麗菜絲50克、蔥1支、薑片2片、紅椒1支

★調味料ingredients：
醋1/2大匙、醬油1大匙、麻油1/2大匙

菜脆肉豐肥

★做法methods：

1.紅椒去籽，與蔥、薑一起洗淨後切細絲，泡冷開水10分鐘，去除辛味。

2.牛肉切成薄片，泡在冷水裡。高麗菜洗淨，放入滾水汆燙1分鐘，瀝乾鋪在盤底。

3.鍋燒熱，加少許油，將蔥、薑及紅椒以大火爆香，加入醋、醬油及麻油煮至沸騰，淋在高麗菜上。

4.牛肉放入滾水汆湯1分鐘，瀝乾後盛放於高麗菜上，吃時用筷子將牛肉片包住高麗菜夾起來吃。

★換換吃：蔥、薑及紅椒可依各人喜好增減，也可放香菜調味。

41

滑蛋牛肉片

tips　1.正統做法裡會加太白粉勾芡，但不夠清爽，淋上麻油可稍微取代勾芡效果。

　　　2.在蛋汁裡加牛奶1小匙一起攪拌，可以讓蛋吃起來更嫩。

★材料ready：

牛肉120克、蛋1顆、洋蔥20克

★調味料ingredients：

鹽1大匙、鮮雞晶（或糖）1小匙、麻油1小匙

★做法methods：

1.蛋打勻成蛋汁，洋蔥切絲。

2.鍋燒熱，加少許油，放入洋蔥大火快炒30秒，再加入牛肉片以大火快炒1分鐘，加鹽炒勻。

3.淋上蛋汁，撒上鮮雞晶，繼續快炒至熟。盛盤前，淋上麻油即可。

★換換吃：如果覺得牛肉和蛋太單調，也可以加蔥花10克或空心菜30克，增加清脆的口感。

炒鍋

or

平底鍋

大火快炒就ok

好看又好做

43

苦瓜釀肉

tips *在塞肉之前，可以用兩手將肉糰來回甩，把裡面空氣打掉，口感較扎實。*

★材料ready：
苦瓜1/2條、絞肉150克、綜合冷凍蔬菜（即三色豆，含玉米、青豆及胡蘿蔔丁）100克、蛋1顆、香菜少許

★調味料ingredients：
醬油1大匙、麻油1大匙

★做法methods：

1.苦瓜洗淨切3公分段，中間去籽。

2.絞肉、綜合冷凍蔬菜、蛋、醬油及麻油混合拌勻成肉糰。

3.將肉糰塞進苦瓜裡，盛在盤上，放進電鍋，電鍋外鍋放1杯水（約100c.c.），
按下電鍋開關，待開關跳起（約20鐘），盛盤後可以香菜作裝飾。

★換換吃：也可以用鹹蛋黃取代綜合冷凍蔬菜，將1顆鹹蛋黃捏碎、醬油改成1/2大匙，再加上絞肉、蛋、醬油及麻油混合均勻，做出來的口味更多層次。

電鍋

蒸鱈魚

tips *如果沒有鱈魚，也可以蒸鮭魚等油脂豐富的魚，味道較濃郁。*

★材料ready：
鱈魚1片、薑片3片、蔥絲少許

★調味料ingredients：
鹽1大匙、料理酒1大匙

★做法methods：

1.鱈魚洗淨後，用料理酒浸泡一下後取出。薑片切絲。

2.盤子鋪上少許薑絲。鱈魚抹鹽後，放在薑絲上，鱈魚上再多鋪一層薑絲及蔥絲，放入電鍋內。

3.電鍋外鍋放1杯水（約100c.c.），按下電鍋開關，待開關跳起後（約15～20分鐘）取出即可食用。

★換換吃：也可以將蒜末炸酥後，撒在魚片上再放入電鍋蒸，口味更濃郁喔！

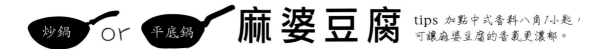

炒鍋 or 平底鍋 **麻婆豆腐** tips 加點中式香料八角1小匙，可讓麻婆豆腐的香氣更濃郁。

★材料ready：
辣肉醬罐頭1/2個、市售嫩豆腐1/2盒（150克）、蔥花1大匙、辣椒圈少許

★調味料ingredients：
米酒1小匙、醬油1大匙、胡椒粉1小匙

★做法methods：

1.鍋燒熱，加少許油，肉醬罐頭倒入炒鍋中以中火煮熱，加入米酒稀釋。

2.待肉醬滾後，加入切塊的豆腐拌炒一下。

3.加入適量醬油、胡椒粉等調味料炒勻，再撒上蔥花及辣椒圈即可盛盤。

★換換吃：愛吃辣的人可以加辣椒醬1小匙或辣豆瓣醬1小匙，跟著肉醬一起拌炒，味道更香！

5分鐘搞定

45

魚香茄子

tips 1.當油鍋泡沫減少，就表示茄子已經炸軟，可以起鍋了。
2.如果怕太油膩，可將肉醬罐頭的湯汁，倒掉一些，再放進鍋中煮熱。

★材料ready：
茄子1根、紅辣椒1條、蔥花少許

★調味料ingredients：
辣肉醬罐頭1/2罐、蔥花2大匙、薑1大匙、
蒜末1大匙、糖1小匙

★做法methods：

1.茄子洗淨，對剖為二，切3公分段； 紅辣椒切碎。

2.鍋燒熱，加3大匙油，以大火把茄子炸熟、炸軟後撈起。

3.鍋子留少許油，將蔥花、薑及蒜末以中火爆香，倒入肉醬煮熱，再
加入茄子及糖炒勻起鍋，撒上蔥花作裝飾即可。

不必調醬，大火一炒就上桌

乾扁四季豆

tips 起鍋前，淋上少許香油，可增加香味。

★材料ready：
四季豆300克、蔥3克、薑3克、大蒜3克、辣椒1條、辣味肉醬1/2罐

★調味料ingredients：
糖1大匙

★做法methods：

1. 先將四季豆洗淨，去除頭尾後，以紙巾將水吸乾。

2. 蔥、薑、大蒜及辣椒洗淨後切末備用。

3. 鍋內放入200c.c.的油，以中火將油燒熱後，將四季豆放入鍋中慢慢炸，炸至四季豆表面有點萎縮乾扁，撈出瀝乾。

4. 鍋子只留少許油，將大蒜、薑及辣椒以中火爆香，倒入辣味肉醬，再將炸好的四季豆放回鍋中拌炒，加入糖拌勻調味後即可上桌。

★換換吃：也可用沙茶醬取代辣味肉醬，爆香大蒜、薑及蔥後，再加新鮮絞肉100克和沙茶醬1大匙拌炒一下即可。

炒鍋

or

平底鍋

普羅旺斯燉菜

tips 燜煮的食物需要蒸氣加壓煮熟,所以不要一直掀鍋蓋,以防蒸氣跑掉!

★材料ready:
小黃瓜1條、紅蘿蔔1條、茄子1條、甜椒1顆、新鮮牛蕃茄1顆

★調味料ingredients:
大蒜1顆、九層塔1把、橄欖油35c.c.、百里香末1大匙、月桂葉4片、鹽1大匙

★做法methods:

1. 將所有材料切成0.3公分薄片,大蒜及九層塔切碎末備用。

2. 在平底鍋上倒入橄欖油2大匙,使其均勻鋪滿鍋底,將材料依序鋪排在平底鍋上,不易熟透的紅蘿蔔則放下層。

3. 撒上大蒜及九層塔碎末,再淋橄欖油1大匙,用小火燜煮20分鐘,讓材料釋放出水分(出水)後起鍋,移至烤盤裡。

4. 烤盤上鋪放百里香、月桂葉,並加進鹽稍稍拌勻,放至預熱180℃的烤箱,以150℃的上下火燜烤10分鐘即可上桌。

平底鍋

＋

烤箱

★換換吃:1.台灣不產櫛瓜,所以可用大黃瓜或小黃瓜代替原本在普羅旺斯燉菜常出現的櫛瓜。
2. 燜烤過程不需加水,因為蔬果本身就有水分。只要是會出水的蔬菜都可以做材料(比方洋蔥、蕃茄、茄子等),都可依喜好自由添加。蕃茄也可以用罐頭蕃茄取代

五顏六色真漂亮

48

烤麵包布丁

tips 烤盤上塗的油，可以選用奶油，比較香甜。

★材料ready：
蛋1顆、牛奶150c.c.、吐司1片、薄荷1小株

★調味料ingredients：
糖2大匙

★做法methods：

1.將蛋打勻成蛋汁，再和牛奶攪拌均勻，倒入烤皿裡。

2.吐司切小塊，斜鋪在蛋汁上，並輕壓一下，讓吐司可以浸泡到些許蛋汁，撒上細砂糖。

3.烤箱以200℃預熱3分鐘，將烤盤放入烤箱，以160℃烤15分鐘即可出爐，出爐後可以薄荷作裝飾。

★換換吃：1.白吐司也可換成市售各式香甜口味的吐司，比如玉米、紅豆、芋頭等，若是有口味的吐司，糖就可以撒少一點，以免過甜。
2.這道菜也可以不加砂糖，要吃時再淋上蜂蜜，風味也很獨特。

49

烤箱

+

同場加映 吐司再利用
法蘭西吐司
鍋燒熱，加少許油，將剩下的吐司沾滿蛋汁煎呈金黃色後起鍋，撒上糖霜、沾巧克力醬或蜂蜜吃，就是法蘭西吐司。

當廚師真簡單，有「醬」就OK

I can make a good tasting dish with sauce.

醬燴不只能拌麵？還可以燉飯、做海鮮喔

牛排醬不只能調味，還可以炒飯、烤雞翅。

肉醬、辣醬、沙茶醬……

打開冰箱，任何醬料都幫你做好料！

52

10分鐘完成

烤青醬起司派  ＋ 烤箱

★材料ready：
蕃茄¼顆、吐司1片、起司2片、薄荷葉少許

★調味料ingredients：
青醬1大匙

★做法methods：

1.蕃茄對半切，一半切成小碎塊（蕃茄丁），一半切成薄片（蕃茄丁）。吐司、起司
　片切3x3公分見方的小塊狀。

2.吐司塊上抹一層青醬、再放蕃茄片，接著放起司片。

3.放進烤箱(不用預熱)，以上下火90℃烤約5分鐘，取出後再綴以蕃茄丁，並用薄荷葉
　作裝飾。

★換換吃：青醬也可以換成加鹽的馬鈴薯泥，口感滑嫩。

tips 蕃茄可以增加起司派的多汁口感，所以稍微烤久一點沒關係。

青醬燉飯

tips 牛奶裡加入1小匙的鮮奶油拌勻再燜煮，可使燉飯味道更濃郁！

★材料ready：
雞胸肉300克、綜合冷凍蔬菜（即三色豆，含玉米、青豆及胡蘿蔔丁）20克、白飯1碗（250克）、青醬2大匙、牛奶250c.c.、新鮮羅勒葉少許

★調味料ingredients：
鹽1小匙、黑胡椒1小匙

★做法methods：

1.雞胸肉洗淨切小塊。

2.鍋燒熱，加少許油，放入雞胸肉以大火炒熟，再放入綜合冷凍蔬菜、白飯、鹽及黑胡椒拌炒。

3.加入青醬拌炒均勻後，以鍋剷（或鐵湯匙）將炒飯均勻平鋪於鍋底。

4.倒入牛奶後，蓋鍋燜煮10分鐘即可起鍋，盛盤後可以新鮮羅勒葉裝飾。

★換換吃：雞胸肉也可以依喜好換成魚肉塊、花枝、蛤蜊等海鮮。

平底鍋

 **青醬海鮮湯** tips 牛奶和青醬要不斷拌勻，口感才會滑順。

★材料ready：
草蝦2隻、蛤蜊5個、青醬2大匙、牛奶250c.c.、洋蔥1/6個、新鮮羅勒葉少許

★調味料ingredients：
白酒2大匙、鹽1小匙

★做法methods：

1.蛤蜊加清水浸泡約1小時，以利吐砂。草蝦剝殼後洗淨，洋蔥洗淨切塊。

2.將草蝦、蛤蜊放入鍋內，加1/2鍋滾水以中火煮30秒。

3.加白酒、鹽，待白酒蒸發，聞不到酒味後轉小火，倒入青醬、牛奶及洋
　蔥，煮約10分鐘即可起鍋，盛盤後可以新鮮羅勒葉裝飾。

★換換吃：也可選擇吃不完的生魚片、冷凍蟹肉條來烹煮，一樣好吃。

鍋子一煮就OK

55

烤碎肉派

tips 麵包粉的作用是吸收多餘的水分，以免湯汁在烘烤的時候滲出，如果手邊沒有麵包粉也可以將吐司撕成小小片代替。

+

★材料ready：
派餡：肉醬罐頭1個、綜合冷凍蔬菜（即三色豆，含玉米、青豆及胡蘿蔔丁）100克
其他：市售冷凍派皮5片、麵包粉50克

★調味料ingredients：
蛋黃1個

★做法methods：

1. 冷凍蔬菜與肉醬罐頭混合，將多餘的油跟水瀝乾，再與麵包粉拌勻成派餡。

2. 將派皮裁切成適合派盤的大小，再用叉子在底部戳幾個小洞，放入派餡後再蓋一層派皮。

3. 用刀子在派上輕輕畫兩刀，蛋黃打成蛋液，在派皮表面刷上薄薄一層。

4. 烤箱以210℃預熱10分鐘，將派放入烤箱，用200℃烤15分鐘至派皮呈金黃色，盛盤時，放上薄荷葉裝飾。

★換換吃：除了使用綜合冷凍蔬菜，也可以新鮮蔬菜淡化碎肉派的鹹味。

烤碎肉派

56

5分鐘完成

57

肉醬乾拌麵

tips 大部份的肉醬罐頭都比較油,所以可搭配清爽的蔬菜,像是沖洗一下就可以生吃的生菜、小黃瓜,或煎個荷包蛋給自己加菜喔!

★材料ready:
肉醬罐頭2大匙、芹菜2條、麵條150克

★做法methods:
1.麵條煮熟撈起備用、芹菜洗淨切絲。
2.加2大匙肉醬罐頭放在熟麵條上、配上芹菜絲。
3.吃時將麵條與芹菜絲拌勻即可。

★換換吃:可以搭配自己喜歡的配料(如黃瓜絲、豆干丁、洋蔥等材料)炒熱,再拌入麵條、烏龍麵或淋在白飯上,讓口味更豐富。

花生麻醬麵

★材料ready：

麵條150克、花生醬3小匙、冷開水80c.c.、小黃瓜絲少許

★調味料ingredients：

醋3大匙、醬油1大匙、鹽1小匙

★做法methods：

1.花生醬、水、醋、醬油及鹽混合拌勻成醬料。

2.麵條煮熟後，加入醬料拌勻，再加上黃瓜絲拌勻即可食用。

★換換吃：1.麻醬麵不一定要用芝麻醬，花生醬一樣能調出好味道。也可以將做法
1淋在燙青菜上，就成了日式風味的涼拌菜。
2.花生醬、醬油、水及醋的比例都是可以調整的，可以依自己喜好，變化口味。

昆 布 醬 拌 青 菜

tips 只要是容易熟的葉菜類，如空心菜、A菜、地瓜葉及韭菜等，都可以用這個方法做拌燙青菜。

★材料ready：
青菜300克

★調味料ingredients：
昆布醬2大匙

拌一拌
就好吃

★做法methods：

1.青菜洗淨切段，放入大碗。

2.加入熱水，蓋上碗蓋讓青菜在熱水裡燜5分鐘至熟。

3.將青菜撈起盛盤，淋上昆布醬即可。

★換換吃：昆布醬就是海苔醬，如果昆布醬用完了，可以試試口味比較重的豆瓣醬，一樣美味。

59

牛排醬烤雞翅

tips 運用烤箱的熱度燜熟雞肉，一定要先以高溫預熱烤箱，讓烤箱內部烤出熱度後，再用中溫燜肉即可。

烤箱

★材料ready：
雞翅3隻、九層塔1小株

★調味料ingredients：
牛排醬2大匙、糖1大匙、醬油1大匙

★做法methods：

1.雞翅洗淨去血水，瀝乾。

2.牛排醬、糖及醬油混合拌勻後，均勻塗抹在雞翅上，醃漬20分鐘。

3.烤箱220℃預熱3分鐘，放進烤箱烤10分鐘，再轉180度烤20分鐘，盛盤後以九層塔作裝飾即可食用。

★換換吃：撒上洋香菜葉、新鮮香菜或鼠尾草，可以增添香氣。

放入烤箱就OK

加入醬料炒，
米飯更好吃

牛排醬炒飯

tips 1.炒的動作要快，有助於拌勻調味料。
2.隔夜飯的水氣不多，炒出來的飯口感較分明。

★材料ready：
牛肉片30克、白飯1碗（250克）、綜合冷凍蔬菜（即三色豆，含玉米、青豆及
胡蘿蔔丁）30克

★調味料ingredients：
牛排醬2大匙、糖1小匙

★做法methods：

1.牛肉片洗淨去血水，瀝乾。

2.鍋燒熱，加少許油，放入牛肉片和綜合冷凍蔬菜大火快炒30秒。

3.加入白飯繼續快炒，再倒進牛排醬及糖，拌炒到每粒米都呈現牛排醬顏色即可。

★換換吃：糖可以替換成鮮雞晶2小匙，有提味效果。

炒鍋

or

平底鍋

韓式辣味豬肉片

★材料ready：
火鍋豬肉片150克、生菜3片、韓式辣醬1大匙、薑片2片、辣椒末少許

★調味料ingredients：
米酒1大匙、糖1小匙、鹽1小匙

★做法methods：

1. 火鍋豬肉片與韓式辣醬、米酒、糖、鹽混合醃製5分鐘。薑片切絲備用。生菜洗淨備用。

2. 鍋燒熱，加少許油，用夾子一片片將醃好的豬肉片放入鍋中煎熟，再放入薑絲拌炒即可起鍋。

3. 將煎好的豬肉片放在生菜上，加點辣椒末作裝飾即可盛盤。

★換換吃：也可以用韓式泡菜200克，混合米酒、糖及鹽來醃肉，再放少許的蔥、蒜以大火快炒1分鐘。

炒鍋

or

平底鍋

芥末燉雞肉

★材料ready：
雞胸肉150克、紅甜椒1/2顆、花椰菜1/4顆、九層塔少許

★調味料ingredients：
牛奶100c.c、法式芥末醬2小匙、鹽2小匙

★做法methods：

1.雞胸肉切成塊狀，紅甜椒洗淨後切成片狀，花椰菜洗淨後切成一小朵狀。

2.鍋燒熱，加少許油，放入雞胸肉、紅甜椒及花椰菜以中火炒至半熟。

3.倒入牛奶，將鍋蓋蓋上，以中火燉煮5分鐘。

4.開鍋蓋，放入芥末醬拌炒，轉小火燜5分鐘，最後加鹽拌勻調味，盛盤後可
以少許九層塔裝飾。

★換換吃：除了紅甜椒及花椰菜外，雞肉塊也可搭配玉米、大黃瓜、洋蔥及碗
豆等蔬菜。

+

炒鍋

or

湯鍋

想吃泰國菜，隨時隨地動手做

64

泰式酸辣海鮮湯麵

★材料ready：
新鮮香菇2朵、蝦子2尾、魚板1片、青江菜2片、豆芽菜30克、月桂葉1片、
麵條150克、泰式酸辣醬(Tom Yum)1大匙

★調味料ingredients：
魚露1小匙、鹽適量（依個人口味調整，也可以不加）

★做法methods：

1.香菇洗淨切成約1.5公分的一口大小，與蝦子、魚板放入鍋中煮滾後，加入2大匙泰
　式酸辣醬、魚露及鹽拌勻。

2.將麵條煮熟，青江菜、豆芽菜洗淨。

3.加入麵條、青江菜、豆芽菜及月桂葉再煮1分鐘，即可起鍋食用。

★換換吃：泰式酸辣醬很方便，除了拿來煮湯麵，還可以炒飯、炒麵及炒菜，就像
台灣沙茶醬一樣好用。泰式酸辣醬跟魚露本身有調味，所以其他的調味料要斟酌加
入，才不會太鹹。

下雨颱風天，罐頭小加工，輕鬆做美食，

深夜肚子餓，罐頭打餓神，簡單做好菜！

雨天也有好料吃，罐頭也有出頭天

part
4

I am starving.
Let's cook
with canned food.

i am so hungry!

夏威夷炒飯

tips 鍋要燒熱再炒飯，且蛋汁倒下去後要快炒，這樣才會粒粒分明。

★材料ready：
罐頭鳳梨片2片、蛋1顆、冷飯1碗（250克）、綜合冷凍蔬菜（即三色豆，含玉米、青豆及胡蘿蔔丁）250克、肉鬆2大匙

★調味料ingredients：
醬油1大匙

★做法methods：

1. 罐頭鳳梨片切成約1.5公分的一口大小。蛋打成蛋汁。

2. 鍋燒熱，加少許油，放入綜合冷凍蔬菜和罐頭鳳梨片以中火炒熟，倒入白飯繼續炒至炒飯粒粒分明。

3. 倒入蛋汁拌勻，起鍋前撒上肉鬆即可。

★換換吃：也可以用蝦仁取代肉鬆，口感更多汁。

炒鍋

同場加映1 鳳梨片做甜點沒問題
鳳梨優格

★材料ready：
罐頭鳳梨1片、原味優格1杯、薄荷葉1小株

★做法methods：
罐頭鳳梨片切塊，放進原味優酪裡攪拌後，即可食用。可以薄荷葉裝飾。

同場加映 鳳梨片拌涼麵也OK
鳳梨涼麵

★材料ready：
罐頭鳳梨片2片、罐頭鳳梨湯汁3大匙、
紅蘿蔔1片、小黃瓜1片、油麵150克

★做法methods：

1. 罐頭鳳梨片切塊，紅蘿蔔和小黃瓜洗淨刨絲。

2. 將全部材料及罐頭鳳梨湯汁一起加入油麵裡拌勻即成。

濃濃蛋香味

鮪魚洋蔥蛋卷

tips 如何將蛋皮煎得好？蛋汁要均勻鋪於鍋內，才不易弄破。另外，也可以多打1顆蛋，煎成厚的蛋皮。捲蛋皮的時候要慢慢捲，趁著蛋液還半熟的時候一邊捲一邊調整，才不會把蛋皮給弄破喔！

★材料ready：
鮪魚罐頭1/3罐(80克)、蛋2顆、洋蔥1/4顆、薄荷葉1小株

★調味料ingredients：
蕃茄醬2小匙

★做法methods：

1.鍋燒熱，加少許油，蛋打勻，均勻地倒進平底鍋，以小火慢慢將蛋皮煎至半熟。

2.鮪魚罐頭瀝掉湯汁，取1/2罐鮪魚肉打鬆成更細的碎肉。洋蔥洗淨切末和鮪魚拌勻後，鋪在蛋皮上。

3.小心地把蛋皮將鮪魚餡捲起來盛盤，淋上蕃茄醬，以薄荷葉作裝飾即可。

★換換吃：不愛吃洋蔥的人，可以事先炒一下洋蔥末，再和鮪魚拌勻，可減輕洋蔥的氣味。

平底鍋

烤鮪魚馬鈴薯

★材料ready：
馬鈴薯1顆、鮪魚罐頭1/2罐、薄荷1小株

★調味料ingredients：
鹽1小匙、起司條50克

★做法methods：

1. 馬鈴薯洗淨削皮切小塊，鍋中水煮滾後放入馬鈴薯
   （水需蓋過馬鈴薯），用小火煮30分鐘煮至軟爛。

2. 鮪魚罐頭瀝掉湯汁，取1/2罐的鮪魚打成更細的碎
   肉。馬鈴薯塊加入打細的鮪魚肉，加鹽拌勻成泥，
   盛入烤皿。

3. 烤箱以150℃預熱5分鐘，將馬鈴薯泥均勻鋪上起
   司條，送進150℃的烤箱烤10分鐘即可，最後可以
   薄荷作裝飾。

★換換吃：家中沒有烤箱時，也可以直接在馬鈴薯
泥上撒上黑胡椒或是加美乃滋拌勻，就是美味的馬
鈴薯沙拉。

鮪魚飯糰

★材料ready：
鮪魚罐頭1/2罐（約100克）、洋蔥1/8顆、
海苔片1大片、白飯1碗（250克）

★調味料ingredients：
鹽1小匙

★做法methods：

1. 白飯加鹽，用湯匙或飯杓拌勻。

2. 鮪魚罐頭瀝掉湯汁，取1/2罐鮪魚肉打成細的碎肉。

3. 鮪魚鋪在白飯上面，再用海苔片將白飯包起即可。

★換換吃：除了碎鮪魚，還可以加蛋皮、撒芝麻粒
等增加飯糰的風味。

濃濃起司香、淡淡鮮魚味

tips 馬鈴薯切得越小塊，水煮的時間越短

tips 如果講究口感，可在白飯煮好時，加3c.c.的米酒和1/2小匙鹽拌勻，做成飯糰

紅燒牛肉燴飯

or

★材料ready：
蕃茄罐頭300克、牛腩50克、紅蘿蔔1根、青花菜30克、飯250克、蔥花少許

★調味料ingredients：
醬油1大匙

★做法methods：

1. 牛腩洗淨切塊，入滾水燙1分鐘以去血水。紅蘿蔔切約1.5公分的一口大小、青花菜洗淨切小塊。

2. 鍋燒熱，加少許油，放入紅蘿蔔及青花菜以中火略為拌炒。

3. 再倒入蕃茄罐頭以小火煮滾，陸續加入牛腩、醬油及飯拌勻。

4. 最後蓋鍋燜煮3分鐘，起鍋盛盤，撒上蔥花作裝飾即可。

★換換吃：也可以加少許洋蔥塊，增加甜味。

家常燴飯自己做

快煮快熟的
午夜牛肉麵

紅燒牛肉麵

tips 1.紅辣椒只是調味，不要切小段，只要切
半或去蒂即可，不然會太辣喔。
2.用紅酒煮過的牛肉比較嫩，如果沒有
紅酒也可以省略此一步驟。

73

★材料ready：
蕃茄罐頭300克、牛腩25克、紅辣椒1支、麵條150克、青江菜2根、蔥花少許

★調味料ingredients：
醬油1大匙、紅酒1小匙

★做法methods：

1.牛腩洗淨切塊後，入滾水燙1分鐘以去血水。紅辣椒切半，青江菜洗淨。麵條煮熟
備用。

2.蕃茄罐頭倒入鍋內以小火煮滾，加入牛腩、紅辣椒、青江菜及醬油，加水220c.
c.再煮滾。

3.淋上紅酒，蓋鍋燜煮3分鐘。最後加入麵條拌勻，撒上蔥花更入味。

+

炒鍋

or

平底鍋

or

湯鍋

快速做燉飯

茄汁燉飯

tips 若喜歡清淡口感的人，可以加125c.c.的牛奶，讓飯不會太鹹。

★材料ready：
甜椒1/2顆、雞胸肉50克、蕃茄罐頭150克、白飯1碗（250克）、香菜少許

★調味料ingredients：
鹽1小匙

★做法methods：

1.雞胸肉切約1.5公分的一口大小，甜椒洗淨切長段。

2.鍋燒熱，加少許油，放入甜椒及雞胸肉以大火略炒1分鐘。

3.蕃茄罐頭倒入鍋中煮滾，加鹽，轉小火燉煮。

4.倒入白飯拌勻後，蓋上鍋蓋以小火燜煮3分鐘，讓白飯盡吸湯汁。盛盤後可加香菜裝飾。

★換換吃：雞胸肉也可以代換成豬肉或牛肉，吃不完的生魚片也可以當材料。

炒鍋

or

平底鍋

74

鮮筍松茸飯

tips 用電鍋煮菜飯的撇步在於水分的控制。基本上就是用湯罐頭來代替部分水量，不過不能全部代替，不然米會煮不熟。如果水分太多可以在電鍋第一次跳起的時候再按一次，讓飯煮久一點。如果真的不幸水加太多，就乾脆多加一點罐頭雞湯，煮成鹹稀飯吧，也很好吃！

★材料ready：
米1杯（約200克）、水100c.c.、雞湯罐頭50c.c.、松茸菇100克、桂竹筍2根、蝦米1小匙、香菜少許

★調味料ingredients：
鹽1/4茶匙

★做法methods：

1.桂竹筍煮熟切成小段、米與松茸菇洗淨。

2.電鍋放入米、水、雞湯罐頭、松茸菇、桂竹筍、蝦米及鹽 。

3.電鍋外鍋放1杯水（約 100c.c.），按下電鍋開關。開關跳起後，將香菜放在飯上裝飾即成。

★換換吃：也可以用西式的濃湯來煮電鍋燉飯喔！因為罐頭濃湯的質地比較稠，所以可以用煮稀飯的方式將白飯做成燉飯喔！

一鍋半式走天下

75

蔬菜焗飯

烤箱

tips 濃湯罐頭通常都是濃縮且已調味，所以不要加太多，不然烤出的料理會太鹹。若是覺得太濃稠不好攪拌，可以加點清水調和。

★材料ready：
玉米濃湯罐頭250克、水1大匙、冷飯1碗（250克）、綜合冷凍蔬菜（即三色豆，含玉米、青豆及胡蘿蔔丁）50克、新鮮起司絲50克、九層塔少許

★做法methods：

1. 玉米濃湯罐頭、冷飯與綜合冷凍蔬菜混合，再倒入水及25克的新鮮起司絲拌勻。

2. 倒入烤盤後，飯上再撒上25克的新鮮起司絲。

3. 放入預熱220℃的烤箱，先用180℃烤25分鐘將焗飯烤熟，再用上火把上層的起司烤至上色呈金黃色即可，盛盤時可以九層塔裝飾。

★換換吃：濃湯罐頭也可以使用不同的口味，如南瓜濃湯罐頭，也很適合做燉飯。

單身料理豪華版

泡菜海鮮煎餅

77

tips *煎海鮮餅時，記得麵糰的厚度要鋪均勻，讓受熱面積平均，煎出的餅才會口感一致。*

★材料ready：
花枝100克、蝦仁5個、洋蔥1/4顆、泡菜100克、泡菜湯汁50c.c.、
麵粉150克、香菜2片

★調味料ingredients：
柴魚粉少許、鹽少許

★做法methods：

1.花枝洗淨切小段，洋蔥洗淨切絲、泡菜切絲。

2.麵粉加入泡菜湯汁混合均勻，再拌入花枝、蝦仁、洋蔥、泡菜、柴魚粉及鹽。

3.鍋燒熱，加少許油，舀起約60克的海鮮麵糰倒入鍋裡，將麵糰壓平。使用小火加熱，待麵糰邊緣有小泡泡出現，再翻面將另一面煎熟。

4.盛盤後可以泡菜絲及香菜裝飾，更有食慾。

★換換吃：也可以使用市售大阪燒用的煎餅粉或鬆餅粉代替麵粉，味道更特別。

+

平底鍋

泡菜炒飯

tips 加入米酒是為了增加泡菜與辣醬的水分，可使醬料均勻包裹米飯，且讓飯粒不黏鍋。泡菜汁跟辣醬本身有鹹味，若是想再加其他調味料記得要先試試味道，才不會太鹹喔！

★材料ready：
韓式辣醬2大匙、洋蔥1/4個、新鮮香菇2朵、泡菜100克、泡菜汁2小匙、冷飯1大碗（350克）

★調味料ingredients：
米酒適量（稀釋用）

★做法methods：

1. 洋蔥洗淨切絲、香菇洗淨切絲。

2. 鍋燒熱，加少許油，放入洋蔥以中火爆香，待洋蔥稍稍變透明後，加入泡菜、泡菜汁、韓式辣醬及香菇。食材炒得太乾時，可加米酒稀釋，讓材料濕潤點。

3. 倒入冷飯炒勻，即可起鍋。

炒鍋
or
平底鍋

開胃炒飯10分鐘搞定

清淡好料
輕鬆煮

79

泡菜海鮮冬粉鍋

tips 豆腐煮太久容易破，蛋煮太久也很容易變硬，如果要加入這些食材時，記得要最後一個步驟再下鍋喔！

★材料ready：
泡菜100克、市售嫩豆腐1/3盒（100克）、新鮮香菇2朵、海鮮料（蛤蜊5顆、魚板2片等隨意）、冬粉150克、香菜少許

★調味料ingredients：
昆布醬油1大匙、柴魚粉1小匙、辣椒粉1小匙

★做法methods：

1.豆腐切小塊。

2.泡菜、海鮮料、昆布醬油及辣椒粉放入鍋中煮沸。

3.加入冬粉3分鐘煮熟後，再加豆腐稍煮至熟，起鍋前加入柴魚粉調味，盛碗後可以少許香菜葉裝飾。

★換換吃：口感清爽的昆布醬油，對於喜歡清淡料理的人，是不可或缺的調味聖品喔！如果沒有昆布醬油，也可以用淡醬油或魚露代替。

湯鍋

鍋鏟拿不好沒關係，

手藝不純熟別sorry，

食材切一切，

只要鍋子、瓦斯爐，

一鍋美食煮到底！

part
5

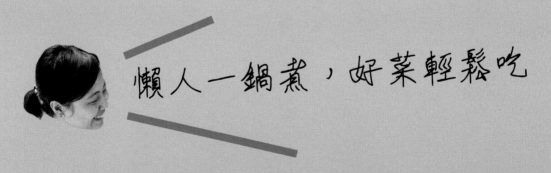

懶人一鍋煮，好菜輕鬆吃

You can make a
delicious dish by cooker

半夜快速豪華小火鍋

82

炒鍋

or

湯鍋

咖哩火鍋

★材料ready：

火鍋料：

火鍋肉片5片、蟹肉條2片、新鮮香菇1朵、市售嫩豆腐
1/3盒（100克）、青江菜5片

其他：

咖哩牛肉調理包1份、水750c.c.

★做法methods：

1.新鮮香菇洗淨、豆腐洗淨切小塊、蟹肉條去薄膜。

2.清水煮滾後，加入咖哩牛肉調理包，攪拌均勻。

3.加入火鍋料煮滾即可食用。

★換換吃：火鍋料如果選用草蝦，再加上煮熟的冬粉，就是咖哩粉絲煲了。

tips 如果怕不夠味，可少加1碗水(250c.c.)，或另外
再撒咖哩粉1大匙調味。

83

咖哩煲花椰菜

tips 花椰菜要好吃在於煲煮的時間，花椰菜要完全吸收咖哩湯汁才能入味，所以一定要用時間慢慢煲，至少得煲10分鐘。

★材料ready：
花椰菜1顆，咖哩牛肉調理包1份、紅蘿蔔碎少許

★調味料ingredients：
鹽1小匙

★做法methods：

1.花椰菜洗淨後，切成一小朵一小朵的大小，入滾水燙5分鐘撈起備用。

2.咖哩調理包放在滾水裡燙5分鐘，撕開倒在鍋裡，加入花椰菜及鹽拌勻。

3.用小火煲10分鐘，待花椰菜吸收咖哩湯汁後，即可起鍋，盛盤時可用紅蘿蔔碎裝飾。

★換換吃：咖哩調理包除了可煲花椰菜外，也可以替換成紅蘿蔔2條或馬鈴薯2顆，不過紅蘿蔔及馬鈴薯的質地較硬，所以煲得時間要久一點，約30分鐘即可。

炒鍋

or

湯鍋

咖哩燉馬鈴薯

★材料ready：
咖哩牛肉調理包1份、馬鈴薯1顆、蔥絲小匙

★調味料ingredients：
鹽1小匙

★做法methods：

1.馬鈴薯洗淨後，切成塊狀。

2.咖哩調理包放在滾水裡燙5分鐘，撕開倒在鍋裡，加入馬鈴薯
  及鹽拌勻。

3.用小火燉20分鐘即可起鍋，盛盤時可用蔥花裝飾。

★換換吃：燉煮時，可以將鍋蓋蓋上，用燜的方式，更容易讓
馬鈴薯軟化。

85

完全不必調醬料

上海雞煲飯

tips 白飯可以選用隔夜飯，可避免飯粒吸收太多水分而軟爛。

煲鍋

★材料ready：
雞胸肉塊200克、生菜50公克、薑3片、蔥1支、大蒜3片、白飯1碗（250克）

★調味料ingredients：
陳年醬油1大匙、太白粉1大匙、鹽1/4小匙、酒1大匙

★做法methods：

1. 雞胸肉塊切約1.5公分的一口大小，洗淨後加陳年醬油和太白粉醃約30分鐘使其入味。薑洗淨切絲、蔥洗淨切段、大蒜洗淨切末。

2. 鍋燒熱，加少許油，放入薑、蔥、蒜以大火炒香3分鐘，再放入鹽、酒一起以小火煮滾，慢火燜約3分鐘煮成醬汁。

3. 白飯放在煲鍋內，生菜洗淨後切段鋪於飯上，把雞胸肉塊放在菜上，淋上醬汁。

4. 電鍋外鍋放半杯水（約50c.c.），將煲鍋放入電鍋內，按下電鍋開關，將煲飯蒸約10分鐘即可。

★換換吃：雞肉也可以換成臘腸臘肉，別有一番風味

名菜自己做

用燉的最方便

87

高麗菜豆腐煲

tips　*肉片煮1分鐘即可，太久會老掉，吃起來口感過硬。*

★材料ready：

市售嫩豆腐1盒（300克）、高麗菜200克、高湯罐頭1/2罐（250c.c.）、水500c.c.、肉片5片

★做法methods：

1.豆腐切小塊。

2.鍋中加進高湯罐頭及水，將高麗菜放入鍋內煮滾，再加進豆腐，以小火燉約10分鐘。再放入肉

　片繼續燉1分鐘。

3.蓋上鍋蓋熄火，用蒸氣將肉燜熟即可。

★換換吃：也可以加冬粉150克，就變成蔬菜粉絲煲。

湯鍋

燜煮15分鐘就OK

tips 蛤蜊吐沙很重要，不然整鍋湯都是沙子喔，大約要泡在水裡1小時才能吐得乾淨。

薑絲蛤蜊湯

★材料ready：
高湯罐頭1罐(約500c.c.)、蛤蜊300克、薑片6片

★調味料ingredients：
鹽1小匙

★做法methods：
1.蛤蜊加清水浸泡1小時，以利吐砂。薑片切絲。
2.將高湯罐頭及清水500c.c.倒入湯鍋（約1/2鍋滿），水滾後加入蛤蜊和薑絲，再以大火燒滾，加鹽調味，轉小火燜煮15分鐘即可食用。

★換換吃：韓國人的蛤蜊湯不加薑絲，以濃稠的黑芝麻油取代，也可以改加1大匙黑芝麻油，試試這種韓風蛤蜊湯。

tips 先以大火煮，再以小火燜，才可以逼煮出排骨精華。

竹筍排骨湯

★材料ready：
筍子1支、豬排骨300克

★調味料ingredients：
鹽1小匙

★做法methods：
1.筍子剝殼洗淨，並切成大塊狀。排骨洗淨切塊，用熱水汆燙，去除血水。
2.湯鍋加1/2鍋水煮滾，加筍塊及排骨，以大火煮滾後，轉小火加鹽調味，繼續燜煮30分鐘即可。

★換換吃：筍子也可以換成冬瓜、白蘿蔔等清淡又清爽的夏天蔬菜。

小火燜出好味道

超好用食譜小索引

Index

COOK50089

一個人快煮
超神速做菜BOOK

國家圖書館出版品預行編目資料

一個人快煮——超神速做菜BOOK／
張孜寧 著.—初版—台北市：
朱雀文化，2008〔民97〕
面； 公分，-（Cook50；089）
ISBN 978-986-6780-28-8（平裝）
1.食譜
427.1　　　　　　97009185

作者■張孜寧
攝影■張緯宇
封面設計■李建錡
美術設計■許淑君
文字編輯■彭思園
企劃統籌■李橘
發行人■莫少閒
出版者■朱雀文化事業有限公司
地址■台北市基隆路二段13-1號3樓
電話■(02)2345-3868
傳真■(02)2345-3828
劃撥帳號■19234566 朱雀文化事業有限公司
e-mail■redbook@ms26.hinet.net
網址■http://redbook.com.tw
總經銷■展智文化事業股份有限公司
ISBN■978-986-6780-28-8
初版一刷■2008.06
特價■199元
出版登記■北市業字第1403號
全書圖文未經同意不得轉載

出版登記北市業字第1403號
全書圖文未經同意，不得轉載和翻印

About買書：

●朱雀文化圖書在北中南各書店及誠品、金石堂、何嘉仁等連鎖書店均有販售，如欲賣本公司圖書，建議你直接詢問書店店員，如果書店已售完，請撥本公司經銷商北中南區服務專線洽詢。北區（02）2251-8345 中區（04）2426-0486 南區（07）349-7445

●●上博客來網路書店購書（http://www.books.com.tw），可在全省7-ELEVEN取貨付款。

●●●至郵局劃撥（戶名：朱雀文化事業有限公司，帳號：19234566），掛號寄書不加郵資，4本以下無折扣，5～9本95折，10本以上9折優惠。

●●●●周一至五上班時間，親自至朱雀文化買書可享9折優惠。

朱雀文化事業讀者回函

· 感謝購買朱雀文化食譜，重視讀者的意見是我們一貫的堅持；
歡迎針對本書的內容填寫問卷，作為日後改進的參考。寄送回函時，不用貼郵票喔！

姓名：＿＿＿＿＿＿＿＿＿＿＿　生日：＿＿＿年＿＿＿月＿＿＿日

電話：＿＿＿＿＿＿＿＿＿＿＿　電子郵件信箱：＿＿＿＿＿＿＿＿＿＿＿＿

教育程度：□碩士及以上　　□大專　　□高中職　　□國中及以下

職業：　□軍公教　　□金融保險　□餐飲業　　□資訊業　　□製造業
　　　　□大眾傳播　□醫護業　　□零售業　　□學生　　□其他

· 購買本書的方式

□　實體書店
（　□金石堂　□誠品　□何嘉仁　□三民　□紀伊國屋　□諾貝爾　□墊腳石　□page one
　　□其他書店＿＿＿＿＿＿＿）

□　網路書店（□博客來　□金石堂　□華文網　□三民）

□　量販店（□家樂福　□大潤發　□特力屋）

□　便利商店（□全家　□7-ELEVEN　□萊爾富）

□　其他＿＿＿＿＿＿＿＿＿＿＿

· 購買本書的原因（可複選）

□　主題　　　□　作者　　　□　出版社　　　□　設計　　　□　定價　　　□其他

· 最喜歡本書的一道菜是：＿＿＿＿＿＿＿＿＿＿＿＿＿＿＿＿＿＿＿

· 最不喜歡本書的一道菜是：＿＿＿＿＿＿＿＿＿＿＿＿＿＿＿＿＿＿

· 認為本書需要改進的地方是：＿＿＿＿＿＿＿＿＿＿＿＿＿＿＿＿＿

· 還希望朱雀出版哪方面的食譜：＿＿＿＿＿＿＿＿＿＿＿＿＿＿＿＿

· 最喜歡的食譜出版社是：＿＿＿＿＿＿＿＿＿＿＿＿＿＿＿＿＿＿＿

· 曾買過最喜歡的一本食譜是：＿＿＿＿＿＿＿＿＿＿＿＿＿＿＿＿＿

TO：朱雀文化事業有限公司
11052北市基隆路二段13-1號3樓

一個人快煮
超神速做菜BOOK